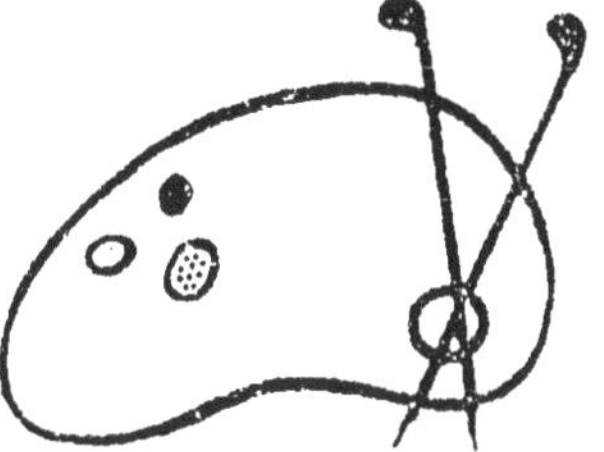

AF500292

N° 98 Prix : 10 centimes.

SCIENCE

LES PILES ÉLECTRIQUES

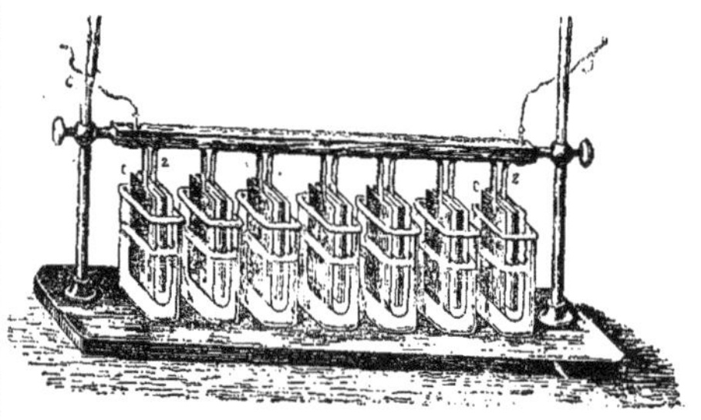

L. BOULANGER, éditeur, 90, boul. Montparnasse, PARIS.

LE LIVRE POUR TOUS

VOLUMES PARUS

1. **Hygiène** : *La santé.*
2. **Médecine** : *Les maladies et les remèdes.*
3. **Science** : *La photographie.*
4. **Littérature** : *La littérature française.*
5. **Géographie** : *L'Afrique française.*
6. **Armée** : *Le service militaire.*
7. **Science** : *L'astronomie.*
8. **Histoire** : *Histoire romaine.*
9. **Horticulture** : *Les fleurs.*
10. **Travaux manuels** : *La couture.*
11. **Hygiène** : *Les falsifications.* Aliments.
12. **Hygiène** : *Les falsifications.* Boissons.
13. **Armée** : *Les écoles militaires.* Saint-Cyr.
14. **Finances** : *Les douanes.*
15. **Enseignement** : *Grammaire anglaise.*
16. **Médecine** : *Anatomie et physiologie.* Appareil digestif.
17. **Économie sociale** : *Les impôts.*
18. **Science** : *Eléments d'arithmétique.*
19. **Littérature** : *La littérature française.* Le XVIe siècle.
20. **Économie sociale** : *L'épargne.*
21. **Droit** : *La justice de paix.*
22. **Géographie** : *L'Europe.*
23. **Économie sociale** : *Les assurances.*
24. **Science** : *L'électricité.*
25. **Beaux-Arts** : *La peinture sur porcelaine.*
26. **Agriculture** : *Les engrais.*
27. **Littérature** : *La littérature française.* XVIIe siècle, 1re période.
28. **Économie domestique** : *La cave et les vins.*
29. **Droit civil** : *Les enfants.*
30. **Science** : *Botanique,* 1re partie.
31. **Hygiène** : *La première enfance.*
32. **Arts d'agrément** : *Les feux d'artifice.*
33. **Science** : *La chimie.*
34. **Horticulture** : *Les arbres fruitiers.*
35. **Droit civil** : *Le mariage.*
36. **Géographie** : *La Russie.*
37. **Agriculture** : *La viticulture.*
38. **Arts d'agrément** : *La pêche.*
39. **Littérature** : *La littérature française.* XVIIe siècle, 2e période.
40. **Science** : *Botanique.* La vie des plantes, 2e part. Fleurs et fruits.
41. **Science** : *Les microbes.*
42. **Arts d'agrément** : *La chasse.*
43. **Géographie** : *L'Allemagne.*
44. **Histoire** : *La France,* 1re partie.
45. **Littérature** : *La littérature française.* XVIIIe siècle.
46. **Science** : *L'homme préhistorique.*
47. **Géographie** : *L'Océanie.*
48. **Littérature** : *La littérature française.* XIXe siècle.
49. **Histoire** : *La France,* 2e partie.
50. **Enseignement** : *Grammaire anglaise.* Syntaxe et prononciation.
51. **Science** : *Cosmographie,* 1re part.
52. **Science** : *Cosmographie,* 2e partie.
53. **Métiers** : *L'imprimerie.*
54. **Histoire** : *Histoire de France.*
55. **Métiers** : *La typographie.*
56. **Cuisine** : *L'office.*
57. **Travaux manuels** : *Le tricot.*
58. **Cuisine** : *Les viandes,* tome I.
59. **Cuisine** : *Les viandes,* tome II.
60. **Histoire** : *Histoire ancienne.*
61. **Science** : *Torpilles et torpilleurs.*
62. **Médecine** : *La rage et l'Institut Pasteur.*
63. **Armée** : *Les fusils à répétition.*
64. **Science** : *Les tremblements de terre.*
65. **Armée** : *Les projectiles.*
66. **Science** : *Les ballons dirigeables.*
67. **Armée** : *Les mitrailleuses.*
68. **Science** : *L'électricité au théâtre.*
69. **Industrie** : *Le canal de Suez.*
70. **Industrie** : *Les aiguilles.*
71. **Armée** : *Les canons.*
72. **Industrie** : *Les locomotives.*
73. **Science** : *La lumière électrique.*
74. **Industrie** : *Les mines.*
75. **Viticulture** : *Le phylloxera.*
76. **Industrie** : *Le tissage de la soie.*
77. **Grandes écoles** : *La manufacture de Sèvres.*
78. **Hygiène** : *L'alcool.*
79. **Grandes écoles** : *Les Gobelins.*
80. **Beaux-Arts** : *Les faïences anciennes.*
81. **Littérature** : VICTOR HUGO. *A travers son œuvre.*
82. **Industrie** : *Les tissus façonnés.*
83. **Littérature** : MOLIÈRE. *Les précieuses ridicules.*
84. **Littérature** : MOLIÈRE. *Le tartufe,* I.
85. — — — t. II.
86. **Industrie** : *Les alcools,* tome I.
87. — — tome II.
88. — *La bougie.*
89. **Arts et métiers** : *La gravure,* t. I.
90. — — t. II.

POUR PARAITRE

91. **Littérature** : BEAUMARCHAIS. *Le Barbier de Séville,* tome I.
92. **Littérature** : BEAUMARCHAIS. *Le Barbier de Séville,* tome II.
93. **Littérature** : MOLIÈRE. *L'école des maris.*
94. **Littérature** : HÉGÉSIPPE MOREAU. *Contes.*
95. **Science** : *Les moteurs à gaz.*
96. — *Les premiers ballons.*
97. — *La direction des ballons.*
98. — *Les piles électriques,* I.
99. — — t. II.
100. **Littérature** : LA FONTAINE. *Fables choisies.*

10 centimes le volume.

LE LIVRE POUR TOUS

Aujourd'hui un livre, quel qu'il soit, ne peut compter sur un grand succès durable que s'il est tellement *bon marché* que tout le monde puisse l'acheter sans compter, s'il est *tellement intéressant* et utile, que tout le monde dise : « *Je veux le lire, l'avoir et le garder.* »

Or il n'y a pas de livres d'un intérêt plus réel, d'une utilité plus pratique et plus constante que ceux qui fournissent des *renseignements précis et complets* sur ce que tout le monde veut savoir et doit connaître.

Mais ces livres d'information et de référence ne sont vraiment bons qu'à la condition d'être des guides toujours sûrs, des conseillers toujours prêts à répondre exactement aux nombreuses questions que l'on a sans cesse à résoudre. Ils doivent être méthodiques, exacts, clairs, faciles à manier, commodes à emporter partout avec soi. Ils doivent en outre constituer dans leur ensemble la meilleure et la plus parfaite des encyclopédies; et en même temps chacune de leurs parties doit former un tout distinct, de telle sorte que celui qui veut se contenter de cette partie unique y trouve tout ce dont il a besoin.

Un dictionnaire ne peut réunir ces avantages : s'il est volumineux, il est cher et par conséquent pas à la portée de tous; s'il est petit, il est restreint, et les articles en sont nécessairement écourtés, incomplets. De plus le dictionnaire renvoie d'un mot à l'autre, il ne peut se lire à la suite, il contient des redites. Les manuels, les traités sont évidemment plus utiles, mais ils sont d'ordinaire d'un prix élevé, surtout quand il s'agit de questions spéciales ou scientifiques ou techniques.

Nous avons pensé qu'il restait à créer une collection réunissant, à la fois, l'*utilité* des dictionnaires et celle des manuels, et d'un prix si minime que tout le monde puisse se la procurer.

Nous avons donné à cette collection un titre général disant d'un mot ce qu'elle est :

Le Livre pour tous, c'est-à-dire le livre indispensable à tout le monde, le livre auquel on doit avoir recours en toute occasion et qui mérite toute confiance.

Le Livre pour tous donne à tous les connaissances nécessaires à tous. Il est le vade-mecum de toute instruction pratique, le répertoire de toutes les sciences usuelles.

Le Livre pour tous est le livre de tous ceux qui travaillent, qui étudient, qui s'informent, qui veulent s'éclairer, c'est-à-dire tout le monde.

Ce qui distingue notre collection de toutes celles que l'on a publiées dans le même genre et ce qui fait sa supériorité sur toutes les compilations adressées aux lecteurs sous prétexte de vulgarisation, ce qui doit lui donner la préférence sur les dictionnaires et les manuels, c'est, nous le répétons :

1° Le *bon marché*. — Chacun de nos volumes ne coûte que 10 centimes, et contient comme texte le tiers d'un volume ordinaire de 300 pages vendu 3 fr. 50 et même de 4 à 6 francs.

2° L'*abondance et l'exactitude des renseignements*. — Chacun de nos volumes est rédigé avec le plus grand soin par des auteurs compétents d'après les travaux les plus récents et les plus autorisés.

3° La *commodité du format*. — Chacun de nos volumes peut facilement tenir dans la poche, on peut l'emporter avec soi à la promenade, le lire en voiture, en omnibus, en chemin de fer.

4° La *clarté du texte*. — Les volumes sont imprimés en caractères neufs, lisibles sans fatigue, et les matières sont disposées de telle sorte que d'un coup d'œil on trouve ce que l'on cherche.

5° La *valeur documentaire*. — Chaque volume forme un tout; mais l'ensemble des volumes forme une encyclopédie. Dans chaque volume, chaque sujet est traité à fond. De plus chaque volume est accompagné de documents, de tables de références, de tables statistiques, etc., qui sont d'un usage précieux.

Il suffit d'avoir sous les yeux un seul de nos volumes pour se rendre compte de l'importance de notre collection et des services qu'elle rend.

Tous les volumes de la collection sont rédigés avec le même soin, d'après la même méthode et dans le même but d'utilité.

N. B. **Le Livre pour tous** *peut être mis dans toutes les mains. C'est la meilleure recompense à donner aux élèves, dans toutes les écoles. C'est la collection la plus utile à tout le monde.*

L'éditeur-gérant : L. BOULANGER.

Sceaux. — Imp. Charaire et Cie.

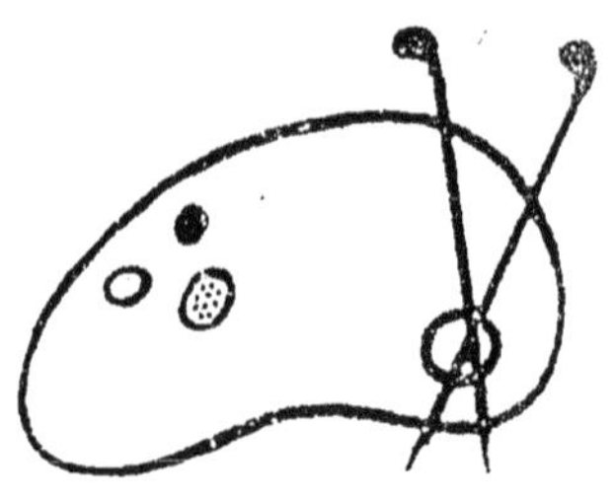

Fin d'une série de documents
en couleur

LES PILES ÉLECTRIQUES

LES PILES ÉLECTRIQUES

L'électricité, est un des étonnements, la plus grande merveille de notre siècle, on en connaît peut-être aujourd'hui tous les effets, mais on en ignore encore les causes premières, puisque, pour pouvoir lier les différents phénomènes constatés par l'expérience, pour en prévoir de nouveaux, on a été obligé d'adopter une hypothèse, connue sous le nom d'*hypothèse de Simmer*.

Dans cette hypothèse, très vraisemblable d'ailleurs, on admet qu'il existe dans tous les corps, un fluide naturel n'ayant, par lui-même, aucune propriété électrique, mais qui est le résultat de la combinaison de deux autres fluides, dans lesquels réside cette propriété, qu'on appelle électrique, du nom grec (électron) de l'ambre, parce que les anciens avaient remarqué que divers corps, et particulièrement l'ambre jaune, acquéraient la propriété, lorsqu'ils étaient échauffés par un léger frottement, d'attirer des corps légers environnants, de causer des commotions nerveuses aux animaux et d'émettre des étincelles.

L'électricité a donc une origine grecque, mais la science nouvelle ne doit rien aux anciens, sinon la classification des corps en deux classes : les corps mauvais conducteurs de l'électricité, tels que la résine, l'ambre, le soufre, le verre, qui développent du fluide par le frottement, et les corps bons conducteurs, comme les métaux, par exemple, qui ne développent pas d'électricité sensible par le frottement, parce qu'elle se répand au fur et à mesure de sa production.

Encore cela n'est-il point absolument prouvé, car ce n'est

qu'au XVIIIe siècle que Dufay établit en principe les véritables théories de l'électricité.

Dans les nombreux mémoires qu'il publia de 1733 à 1735, il prouva d'abord que tous les corps sans exception sont susceptibles de s'électriser par le frottement à la condition d'être *isolés*, c'est-à-dire séparés des corps conducteurs par un manche de verre ou de résine (on ne connaissait pas encore les qualités isolantes de la soie et de gomme laque).

Ensuite, il exposa des théories entièrement fondées sur l'expérience, et qui, depuis, n'ont pas cessé d'être la base de toute exposition des phénomènes électriques.

« J'ai découvert, dit-il, un principe fort simple qui explique une grande partie des irrégularités, et si je puis me servir de ce terme, des caprices qui semblent accompagner la plupart des expériences en électricité.

« Ce principe est que les corps électriques attirent tous ceux qui ne le sont pas, et les repoussent sitôt qu'ils sont devenus électriques par le voisinage ou par le contact des corps électriques.

« Ainsi la feuille d'or est d'abord attirée par le tube, acquiert de l'électricité en s'en approchant, et conséquemment en est aussitôt repoussée; elle ne l'est point de nouveau tant qu'elle conserve sa qualité électrique; mais si, tandis qu'elle est soutenue en l'air, il arrive qu'elle touche quelque autre corps, elle perd à l'instant son électricité, et conséquemment est attirée de nouveau par le tube, lequel après lui avoir donné une nouvelle électricité la repousse une seconde fois, et cette répulsion continue aussi longtemps que le tube conserve sa puissance.

« En appliquant ce principe aux différentes expériences d'électricité, on sera surpris du nombre de faits obscurs et embarrassants qu'il éclaircit. »

Ce principe, vite contrôlé, fut admis tout de suite, il en fut fait, en Angleterre, une expérience curieuse dont on trouve la description accompagnée d'une estampe dans les *Expériences et observations sur l'électricité* du docteur Guillaume Watson, livre fort intéressant, dont une traduction fut publiée en France, en 1748.

Cette estampe que nous reproduisons en fac-similé ci-contre donne tous les détails de l'expérience, faite avec une machine électrique à frottement.

Expérience faite avec la machine électrique de Hauksbee.

Un abbé, à moitié agenouillé auprès de la machine, tourne la roue qui imprime à un globe de verre un mouvement de rotation rapide.

Le frottement du verre, contre la main de la dame, debout à côté, développe à la surface du globe l'électricité vitrée, tandis que l'électricité résineuse passe de la main à travers le corps de la dame et se perd par le sol, dans la terre, qui joue le rôle de *réservoir commun*.

Un jeune homme suspendu en l'air par des cordes qui l'*isolent*, joue celui de conducteur. L'électricité développée à la surface du globe est recueillie par ses pieds et, le traversant tout entier, passe par la main droite dans le corps de la jeune fille, placée sur un bloc de résine, qui l'isole de la terre. Cette jeune fille, tenant le jeune homme par la main gauche, attire avec sa main droite des feuilles d'or légères, placées sur un guéridon isolant.

Nous venons de parler d'électricité vitrée et d'électricité résineuse; ce n'est pas par anticipation car c'est précisément la découverte de ces deux électricités distinctes qui constitue le deuxième principe posé par Dufay.

« Le hasard, dit-il, m'a présenté un autre principe plus remarquable et plus universel que le précédent et qui jette un jour nouveau sur la matière de l'électricité.

« Ce principe est qu'il y a deux sortes d'électricités fort différentes l'une de l'autre : l'une, que j'appellerai électricité vitrée et l'autre électricité résineuse.

« La première est celle du verre, du cristal de roche, des pierres précieuses, du poil des animaux, de la laine et de beaucoup d'autres corps. La seconde est celle de l'ambre, de la gomme copal, de la gomme laque, de la soie, du fil, du papier et d'un grand nombre d'autres substances.

« Le caractère de ces deux électricités est de se repousser elles-mêmes et de s'attirer l'une l'autre. Ainsi, un corps de l'électricité vitrée repousse tous les autres corps qui possèdent l'électricité vitrée et au contraire il attire tous ceux qui possèdent l'électricité résineuse. Les résineux pareillement repoussent les résineux et attirent les vitrés. »

Ceci est très clair, il n'y a rien à y changer, si ce n'est qu'aujourd'hui on donne plus généralement le non de *positive* à l'électricité vitrée et de *négative* à l'électricité résineuse.

Cette théorie a fait loi; en réalité pourtant, et les expériences modernes le prouvent, il n'y a qu'une seule électricité, mais ses effets sont si différents, selon la source à laquelle on la puise, que les savants, pour se comprendre, sont encore obligés d'en admettre deux, indépendamment des deux subdivisions, en positive et en négative, qui existent dans chacune.

Ce sont l'électricité statique et l'électricité dynamique.

La première qui fut la seule connue jusqu'au jour où Galvani démontra que le fluide électrique pouvait se développer aussi par le contact, est ainsi appelée parce qu'elle se tient en équilibre à la surface des corps; c'est celle qui se produit par le frottement, avec les machines électriques, elle se répand à la surface des métaux qu'on ne peut alors toucher sans danger, et après s'y être accumulée, s'en échappe sous la forme d'étincelles lumineuses ou bruyantes, capable de parcourir dans l'air, sans conducteur, des espaces considérables. En un mot c'est celle de la foudre.

On sait la provoquer et produire avec elle de la chaleur, de la lumière et du bruit; mais l'homme de génie qui doit la domestiquer comme l'autre et la soumettre aux exigences de l'industrie, ne s'est pas encore fait connaître.

L'électricité dynamique, qu'on appelle aussi à courant continu, parce qu'elle est en mouvement le long des corps conducteurs, est celle dont Volta a rectifié les principes, mal indiqués par Galvani, et qu'on emploie aujourd'hui à tous les usages industriels auxquels on a soumis l'électricité, télégraphie, galvanoplastie, dorure, éclairage, etc., sans oublier la force motrice.

C'est celle dont nous allons nous occuper dans ce petit volume et dans le suivant, en étudiant les appareils les plus élémentaires qui servent à la produire; c'est-à-dire les piles.

La découverte de l'électricité dynamique, cette source de merveilles, qui a matérialisé la féerie en la faisant entrer dans le domaine de la science, est due au hasard, comme la plupart des grandes inventions.

Dans ce hasard, c'est une grenouille qui joue le principal rôle, mais la chose est racontée de façons si diverses, si invraisemblables d'ailleurs, par les savants ou historiens, qu'il est impossible d'admettre même la version adoptée par Arago, dans son *Eloge historique de Volta.*

D'après Arago, Galvani, professeur d'anatomie à l'université de Bologne, se trouvant fort enrhumé, aurait prié sa femme de lui faire du bouillon de grenouilles. La cuisinière, en préparant les grenouilles, c'est-à-dire en séparant la tête et les reins du train de derrière, aurait accroché les pattes au fur et mesure qu'elle les dépouillait, à la balustrade en fer d'une fenêtre et, remarquant avec terreur que ces pattes gigotaient avec ensemble, aurait appelé son maître, qui serait parti de là pour inventer l'électricité animale, qui fut bientôt connue sous le nom d'électricité galvanique.

Une autre version aussi répandue, mais bien plus invraisemblable encore, attribue à Mme Galvani elle-même le travail de préparation des grenouilles.

Au lieu de les déposer dans une assiette, au fur et à mesure qu'elles étaient dépouillées, la femme du savant, qui opérait, paraît-il, dans le laboratoire de son mari, les aurait déposées sur le support de la machine électrique, avec laquelle Galvani faisait alors des expériences.

Mais cette fable ne mérite pas l'examen.

La vérité se trouve dans un mémoire publié par Galvani, d'où il résulte que ce n'est point accidentellement que la grenouille se trouvait dans le laboratoire, mais bien parce qu'il l'y avait apportée lui-même, pour faire des recherches physiologiques sur le système nerveux.

Voici, d'ailleurs, son propre récit :

« La chose se passa pour la première fois, comme je vais la raconter. Je disséquais une grenouille et je la préparais comme l'indique la figure 2 de ce mémoire (c'est-à-dire en lui enlevant les pattes de derrière, mais en conservant les nerfs qui les attachent au corps).

« Ensuite, me proposant tout autre chose, je la plaçai sur une table, sur laquelle se trouvait une machine électrique. La grenouille n'avait aucun contact avec le conducteur de la machine, elle en était même assez distante. Un de mes aides vint à approcher, par hasard, la pointe d'un scalpel des nerfs cruraux internes de cette grenouille et les toucha légèrement. Tout aussitôt tous les muscles des membres inférieurs se contractèrent comme s'ils avaient été subitement pris de convulsions tétaniques violentes.

« Cependant une personne qui était là présente, pendant que nous faisions des expériences avec la machine électrique, crut remarquer que le phénomène ne se produisait que lorsqu'on tirait une étincelle du conducteur. Émerveillée de la nouveauté du fait, elle vint aussitôt m'en faire part.

« J'étais alors préoccupé de tout autre chose, mais pour

de semblables recherches mon zèle est sans bornes, et je voulus aussitôt répéter l'expérience par moi-même et mettre au jour ce qu'elle pouvait présenter d'obscur. J'approchai donc moi-même la pointe de mon scalpel tantôt de l'un, tantôt de l'autre des nerfs cruraux, tandis que l'une des personnes présentes tirait des étincelles de la machine.

« Le phénomène se produisit exactement de la même manière; au moment même où l'étincelle jaillissait, des contractions violentes se manifestaient dans chacun des muscles de la jambe, absolument comme si ma grenouille préparée avait été prise de tétanos. »

Ce phénomène était en réalité très simple, — puisque ce n'était qu'un effet du *choc en retour*, commotion électrique que peuvent éprouver l'homme ou les animaux, placés à une distance même assez éloignée du lieu où a éclaté la foudre, — et un physicien un peu expérimenté n'y eût pas fait la moindre attention; mais heureusement, et le cas est assez rare pour être signalé, Galvani était médecin, et son défaut de lumières spéciales devint profitable à la science; car il crut avoir découvert une chose nouvelle, et se livra à des expériences nombreuses et variées, avant de l'ériger en

C'est ainsi que, voulant savoir si l'électricité atmosphérique aurait la même influence que l'électricité produite par une machine, il suspendit des cuisses de grenouilles à son balcon par des crochets de cuivre, passant dans la partie des reins qui restait adhérente aux membres antérieurs.

Plusieurs jours s'écoulèrent sans amener de résultat. « Enfin, dit Galvani lui-même, fatigué d'attendre si longtemps en vain, je me mis à frotter et à presser contre les barreaux de fer les crochets de cuivre auxquels étaient suspendues les grenouilles, afin de voir si les contractions musculaires seraient excitées par cet artifice.

« Aussitôt les membres inférieurs de l'animal entrèrent en contraction et ces mouvements musculaires se reproduisirent à chaque nouveau contact du crochet de cuivre et de la balustrade de fer. Cependant le temps était serein et rien n'indiquait la présence de l'électricité libre dans l'atmosphère. »

Ceci se passait le 20 septembre 1786, c'est-à-dire 6 ans après la première expérience; mais le système de Galvani était trouvé et quelques années après, — car il voulait acquérir de nouvelles preuves que les contractions musculaires ne pouvaient plus être attribuées absolument à une influence extérieure, mais seulement excitées par un arc métallique quelconque, — il le formula ainsi :

« Le muscle est une bouteille de Leyde; le nerf joue le rôle d'un simple conducteur et l'électricité positive circule de l'intérieur du muscle au nerf et du nerf au muscle à travers l'arc excitateur. »

Définition très ingénieuse, vraisemblable même, et qui fut, d'ailleurs, acceptée comme une vérité jusqu'en 1799, époque à laquelle Volta, professeur de physique à Pavie, démontra que l'électricité qu'on appelait alors *galvanique* n'avait pas sa source dans le corps de la grenouille, mais provenait de l'action des deux métaux l'un sur l'autre.

Il y eut alors deux camps dans la science électrique : ceux qui tenaient pour le galvanisme et ceux qui tenaient pour le voltaïsme.

Et pourtant les deux principes étaient aussi erronés l'un que l'autre. Quelques-uns le virent et notamment Fabroni, physicien de Florence, qui essaya de prouver que l'électricité n'avait pas plus sa source dans le contact des métaux que dans l'organisme animal, mais bien dans une action chimique qui produisait l'oxydation de l'un des métaux formant l'arc excitateur.

Mais il ne fut pas même écouté, et ce n'est que longtemps après, lorsque les observations de Ritter, Wollaston, Davy, et les travaux de la Rive et Faraday, eurent éclairé la question, que l'on reconnut qu'il était dans le vrai.

LA PILE DE VOLTA

Volta, d'ailleurs, avait prêché d'exemple, et pour prouver ses dires il avait accouplé des métaux différents, avec lesquels il voulait produire une source électrique; il y réussit, du reste, en séparant ces métaux par une couche de liquide alcalin; car il avait remarqué au cours de ses essais que l'électricité se dégageait mieux, quand, au lieu de se trouver en contact immédiat, les métaux étaient séparés par une couche de liquide; ce fait seul aurait dû lui faire comprendre que l'action chimique exercée sur l'un des métaux était la vraie cause du phénomène, mais il avait érigé un système qui avait de nombreux adeptes ; il ne pouvait plus se déjuger.

Telle est l'origine de la pile électrique qui a immortalisé le nom de Volta, justement d'ailleurs, car bien que son inventeur n'en connût pas exactement la cause, c'est à ses effets que nous devons l'électricité dynamique.

Dans le principe, cet appareil se composait seulement d'une rondelle d'argent et d'une rondelle de zinc, séparées par une rondelle de drap mouillé, cela constituait un *élément* ou couple électromoteur ; mais ayant remarqué que deux éléments placés l'un au-dessus de l'autre donnaient une tension électrique bien plus considérable, il en superposa successivement cinq, dix et jusqu'à vingt, en les maintenant par des montants de bois, et c'est de cette disposition en pile que l'appareil a pris son nom.

On trouve les détails de sa construction primitive dans la lettre que Volta adressa à sir Joseph Banks, président de la Société royale de Londres, le 20 mai 1800.

« Je me fournis de quelques douzaines de petites plaques rondes, ou disques de cuivre, de laiton, ou mieux d'argent, d'un pouce de diamètre, plus ou moins (par exemple des monnaies), et d'un nombre égal de plaques d'étain, ou ce qui est beaucoup mieux, de zinc de la même figure et grandeur à peu près, — je dis à peu près, parce que la précision n'est pas requise et en général, la grandeur aussi bien que la figure des pièces est arbitraire.

« On doit avoir égard seulement qu'on puisse les arranger commodément les unes sur les autres en forme de colonne. Je prépare, en outre, un nombre égal de rouelles de carton, de peau ou de quelque autre matière spongieuse, capable d'imbiber et de retenir beaucoup d'eau ou de l'humeur, dont il faudra, pour les expériences, qu'elle soit bien trempée. Ces tranches ou rouelles que j'appellerai disques mouillés, je les fais un peu plus petits que les disques ou plateaux métalliques, afin qu'interposés à ceux-ci de la manière que je dirai bientôt, ils n'en débordent pas.

« Ayant sous ma main toutes ces pièces en bon état, c'est-à-dire les disques métalliques bien propres et secs, et les autres non métalliques bien imbibés d'eau simple, ou, ce qui est beaucoup mieux, d'eau salée, et essuyés ensuite légèrement pour que l'eau n'en dégoutte pas, je n'ai plus qu'à les arranger comme il convient, et cet arrangement est simple et facile.

« Je pose donc horizontalement, sur une table ou banc quelconque, un de ces plateaux métalliques, par exemple un d'argent, et sur le premier j'en adapte un de zinc; sur le second, je couche un des disques mouillés, puis un autre

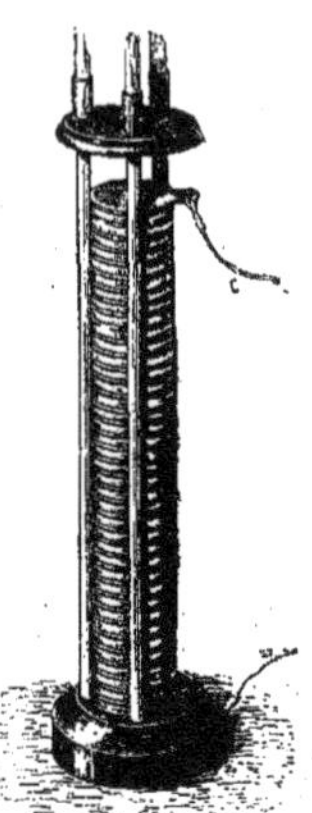

Pile à colonne, de Volta.

plateau d'argent, suivi immédiatement d'un autre de zinc, auquel je fais succéder encore un disque mouillé. Je continue ainsi de la même façon, accouplant un plateau d'argent avec un de zinc, et toujours dans le même sens, c'est-à-dire toujours l'argent dessous et le zinc dessus, ou *vice-versa*, selon que j'ai commencé, et interposant à chacun de ces couples un disque mouillé; je continue dis-je, à former de ces étages une colonne aussi haute qu'elle peut se soutenir sans s'écrouler.

« Or, si elle parvient à contenir environ vingt de ces étages ou couples de métaux, elle sera déjà capable, non seulement de faire donner des signes à l'électromètre de Cavallo, aidé du condensateur, au delà de dix ou quinze degrés, de charger le condensateur au point de lui faire donner une étincelle, etc., mais aussi de frapper les doigts avec lesquels on vient toucher ses deux extrémités (la tête et le pied de la colonne) d'un ou de plusieurs petits coups, et plus ou moins fréquents, selon qu'on réitère ces contacts ; chacun desquels coups ressemble parfaitement à cette légère commotion que fait éprouver une bouteille de Leyde, faiblement chargée, ou une batterie chargée plus faiblement encore, ou enfin une torpille extrêmement languissante, qui imite encore mieux les effets de mon appareil, par la suite des coups répétés qu'elle peut donner sans cesse. »

Sur les indications de Volta, les savants anglais se mirent à construire des piles et à faire avec, de nombreuses expériences, qui permirent au chirurgien Antoine Carlisle, aux physiciens Nicholson et Cruikshank et surtout au chimiste Humphry Davy, de découvrir les qualités physiques et chimiques de la pile, et conséquemment d'en mettre en lumière les différents usages.

Ce furent tous ces essais, et ceux que faisaient en même temps Gautherot en France et Parrott en Russie, qui déterminèrent la construction définitive de la pile de Volta qui est, en somme, le point de départ et le principe de toutes les autres.

On l'établit aujourd'hui avec des rondelles de cuivre, de zinc et de drap imbibé d'eau légèrement acidulée, posées l'un sur l'autre, et toujours dans le même ordre, de façon que si l'on commence par un disque de cuivre, on finisse par un disque de zinc, entre trois colonnes de verre, réunies par deux plateaux de bois vernis, dont l'un forme le pied et l'autre le chapeau de la pile.

La pile est dite isolée ou non isolée, selon qu'elle est ou qu'elle n'est pas en communication avec le sol, par un fil conducteur.

Dans la pile isolée, les extrémités l'une de cuivre, l'autre de zinc, prennent le nom de pôles de la pile ; la première est chargée d'électricité négative et la seconde d'électricité positive.

La tension d'électricité est à peu près la même aux deux pôles, et elle est naturellement d'autant plus forte que le diamètre des disques est plus grand, que les éléments sont plus nombreux et que le liquide dont sont imbibées les rondelles de drap est plus acide, mais le milieu de la pile ne donne pas trace d'électricité.

Si l'on fixe à chacun des pôles un fil métallique, on voit jaillir entre les deux extrémités de ces fils, qu'on appelle *électrodes* ou *rhéophores* de la pile (si on les rapproche suffisamment) des étincelles électriques; si on met ces deux extrémités en contact, le fluide négatif et le fluide positif qui y sont accumulés se précipitent à la rencontre l'un de l'autre et leur combinaison reconstitue le fluide neutre, mais comme il s'en dégage incessamment de nouvelles quantités, il en résulte, dans le fil, qui forme ce qu'on appelle un *circuit fermé*, un mouvement continu d'électricité auquel on a donné le nom de *courant*, il est admis que le courant va du pôle positif au pôle négatif.

La pile non isolée, c'est-à-dire mise en communication avec le sol, ou même avec le doigt de l'opérateur, ne donne qu'une seule électricité : positive si c'est le pôle cuivré qui est en contact avec le sol; négative si c'est l'autre; ce qui est, d'ailleurs, très facile à comprendre, car la tension électrique doit forcément être nulle au pôle qui communique avec le sol, puisque l'électricité s'écoule par là.

Quant à la théorie de la pile, le savant géomètre allemand Ohm en a donné, en 1820, des lois générales qu'il est bon de citer ici; car elles résument, en trois articles, tous les rapports qui existent entre la puissance d'une pile et l'intensité de ses effets :

« 1° Dans un couple voltaïque quelconque, les forces électromotrices sont proportionnelles aux tensions électrostatiques;

« 2° La force électromotrice des couples mis en série est proproportionnelle au nombre des couples et indépendante de leur étendue. L'intensité, au contraire, est indépendante du nombre des couples mis en série, mais elle croît en raison directe de leur étendue;

« 3° L'intensité d'un couple ou d'une pile quelconque est proportionnelle aux forces électromotrices et en raison inverse des résistances du circuit.

PILE A COURONNE

La pile à couronnes de tasses, que représente notre dessin ci-dessous, est due aussi à Volta, qui, ayant reconnu quelques-uns des graves défauts de la pile à colonne, voulut la remplacer par une autre.

En effet, le grand inconvénient de la pile à colonnes est l'emploi des rondelles de drap. Lorsqu'elles sont très humides elles laissent échapper du liquide qui, en coulant le long de la colonne, entretiennent entre les deux pôles une communication nuisible au courant que l'on veut faire naître dans les électrodes.

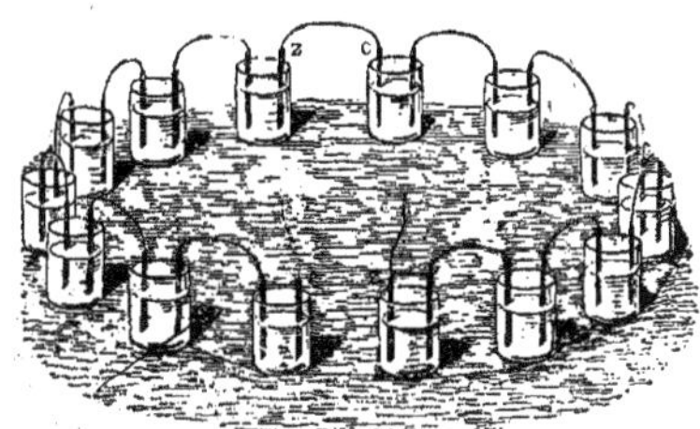

Pile à couronne de tasses, de Volta.

Lorsqu'elles sont asséchées, ce qui arrive assez vite, elles ne produisent plus qu'imparfaitement, sinon plus du tout, l'office auquel elles sont destinées.

Pour remédier à cela, Volta imagina la pile à couronne de tasses, dans laquelle le drap mouillé est remplacé par du liquidé acidulé.

Cet appareil consiste en un certain nombre de tasses ou de vases de verre, à moitié remplis d'acide sulfurique étendu de trente fois son poids d'eau, et dont chacun renferme une plaque de zinc et une plaque de cuivre.

Ces vases sont disposés en cercle ou en couronne, de façon que le premier reçoive le zinc du premier couple et le cuivre du second; le suivant, le zinc du deuxième couple et le cuivre du troisième, et ainsi de suite jusqu'au dernier, qui renferme le zinc du dernier élément et le cuivre du premier.

Naturellement, les lames composant chaque élément sont reliées entre elles par un arc métallique, qui, d'ailleurs, n'a pas d'autre objet que de remplacer le contact des couples contigus dans la pile à colonne.

Quant au courant voltaïque, il est obtenu soit en circuit fermé, soit en circuit ouvert, au moyen des électrodes fixés à chacune des plaques qui terminent l'appareil et qui représentent : l'extrémité cuivre, le pôle positif, et l'extrémité zinc, le pôle négatif.

PILE A AUGES

La pile à auges, imaginée par Cruikshank, vers 1802, n'est qu'une disposition nouvelle, mais infiniment plus commode, de la pile à colonnes, disposition supprimant les rondelles de drap et leurs inconvénients, et les remplaçant par du liquide.

A cet effet, la colonne au lieu d'être ronde est rectangulaire, et sa position est horizontale au lieu d'être verticale.

En un mot, la pile à auges, que nous représentons page 17, est une caisse en bois rectangulaire, dont les parois intérieures sont enduite d'un mastic résineux isolant.

Cette caisse, dont les grands côtés de laquelle sont pratiquées des rainures *ad hoc*, est partagée intérieurement en un nombre indéterminé de petites cases ou auges, par des cloisons parallèles formées par deux plaques, l'une de zinc, l'autre de cuivre, soudées ensemble, et qui sont autant de couples de la pile.

Naturellement, on a soin de placer ces cloisons symétriquement, de façon à avoir dans toute la longueur de la boîte : zinc, cuivre, vide, etc., ce qui fait que l'appareil commence par une plaque de zinc, qui représentera le pôle négatif de la pile, et se termine par une plaque de cuivre qui en sera le pôle positif. Des électrodes fixés à chacune de ces extrémités établiront le courant.

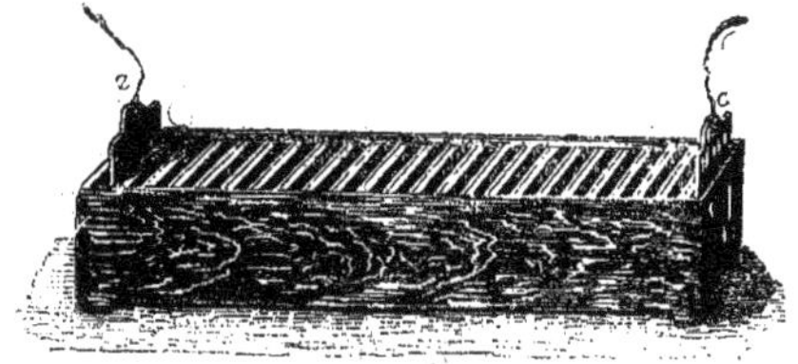

Pile à auges de Cruikshank.

Pour que la pile fonctionne, il n'y a plus qu'à verser dans la caisse de l'eau étendue d'acide sulfurique, de manière à remplir toutes les cloisons vides, en évitant toutefois que le liquide déborde par-dessus les cloisons.

C'est la même théorie que la pile à colonnes, mais c'est beaucoup plus simple et plus économique; car, aussitôt qu'on n'a plus besoin de la pile, on peut vider la caisse et éviter ainsi l'usure inutile des plaques de zinc, sous l'influence de l'acide.

PILE DE WOLLASTON

La pile de Wollaston, qui fut d'un usage courant et presque exclusif jusqu'en 1836, est à la fois un perfectionnement de la pile à couronne de tasses, et une modification de la pile à auges, car elle procède de l'une et de l'autre.

Wollaston, ayant remarqué que la pile à auges avait le même inconvénient que la pile à colonnes, c'est-à-dire peu de production d'électricité, parce que le zinc n'était en contact avec le liquide acidulé que sur une de ses faces, chercha à isoler la plaque de zinc, de façon qu'elle ne fût pas en contact immédiat avec la plaque de cuivre, et pût être influencée par le liquide sur ses deux faces. Pour cela, il imagina une

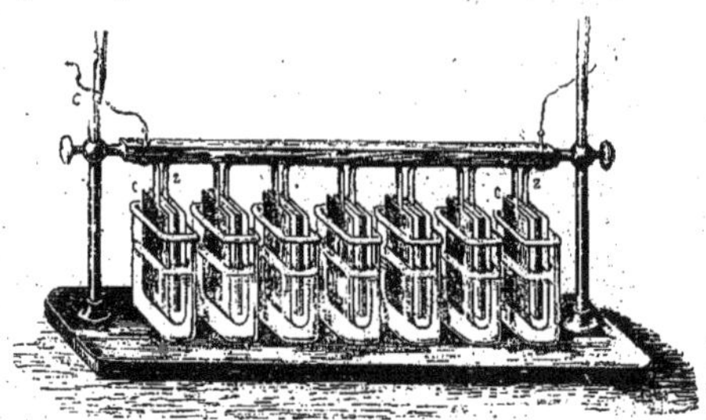

Pile de Wollaston.

plaque de cuivre repliée sur elle-même, de façon à envelopper sans le toucher l'élément de zinc suivant, et il rattacha le zinc au cuivre par une languette ou arc métallique, comme dans le système à couronne de tasses.

C'est, d'ailleurs, dans des vases de verre appelés bocaux que repose chacun des couples de la pile.

Seulement, ces vases ne sont pas rangés en cercle, mais bien en ligne droite, et sur plateau; les arcs métalliques sont disposés de façon à pouvoir se fixer à une pièce de bois placée parallèlement au plateau, à l'aide de deux supports, ce qui permet de manœuvrer tous les couples en même temps pour les prolonger dans les bocaux, si l'on veut constituer la pile, ou pour les en retirer, quand on n'a plus à s'en servir.

Notre dessin de la page 18 fera, du reste, comprendre aisément cette disposition.

La pile représentée se compose de sept couples, dont les lames métalliques sont établies de façon que l'élément cuivre de chaque couple communique avec le zinc du couple précédent, et que chaque élément zinc soit relié avec le cuivre du couple suivant. Les éléments extrêmes, cuivre d'un côté, zinc de l'autre, communiquent avec un petit godet métallique plein de mercure, destiné à mieux assurer la conductibilité métallique, et ce sont ces godets qui représentent les deux pôles de la pile, où l'on fixe les électrodes qui servent à établir le circuit voltaïque.

PILE DE MUNCH

La pile qui a pris le nom de M. Münch, professeur de physique à Strasbourg, est une simplification de celle de Wollaston.

Les couples ne sont plus isolés dans les bocaux, mais disposés parallèlement sur un bâti ouvert sur les deux côtés, et muni à ses extrémités de deux poignées, à l'aide desquelles on les plonge tous ensemble dans une auge remplie de liquide acidulé.

Pour cela, la construction des couples est modifiée : chacun se compose d'une lame formée d'une feuille de zinc et d'une feuille de cuivre, soudées ensemble par leurs extrémités, et repliées en U, de façon qu'une des branche de l'U soit une feuille de zinc et l'autre une feuille de cuivre.

L'appareil est composé d'un certain nombre de ces lames, enchevêtrées de façon à former une série d'U droits et une série d'U renversés, dont les branches produisent ainsi les alternatives régulières de zinc et de cuivre. Ces branches sont isolées l'une de l'autre par des cales de liège, qui donnent à l'ensemble assez de solidité pour supporter, sans se déranger, la manipulation, d'ailleurs fort simple, puisqu'il ne s'agit que de les poser sur une planche, où des entailles, faites avec un trait de scie, sont disposées pour les recevoir.

Cet appareil a la même théorie et naturellement les mêmes

effets que la pile de Wollaston. On a cependant remarqué que, si les effets électriques y étaient aussi énergiques, ils y étaient moins constants, parce que le courant s'y affaiblit plus rapidement.

PILE EN HÉLICE

La pile à hélice, construite en Amérique par M. Hare, a aussi pour point de départ la pile de Wollaston. Seulement l'inventeur a voulu donner, par une disposition nouvelle, une surface très étendue aux deux lames métalliques formant chaque couple.

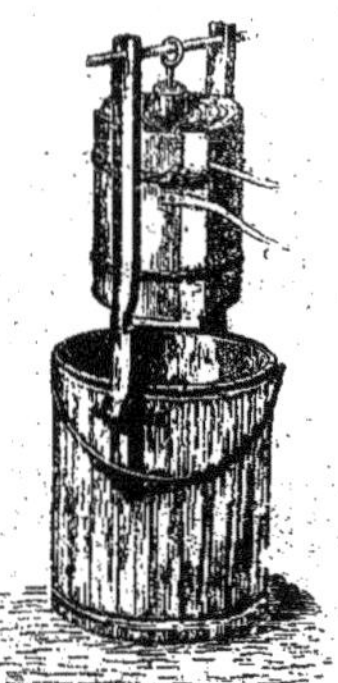

Pile en hélice.

Cette disposition est, d'ailleurs, très simple ; il suffit de prendre un cylindre de bois et de rouler dessus une lame de zinc et une lame de cuivre, placées l'une au-dessus de l'autre, mais isolées par des lisières de drap, réunies l'une à l'autre par des ficelles.

Avec ce système, le cylindre de bois destiné à être placé verticalement, est entouré d'un nombre plus ou moins grand de cercles métalliques alternativement de zinc et de cuivre, et comme les cercles sont isolés le vide produit par les lisières de drap se remplit de liquide acidulé, quand on plonge le couple ainsi préparé dans la cuve qui contient le liquide, et qui est généralement un seau en bois, enduit à l'intérieur d'un mastic résineux isolant.

La réunion de plusieurs couples en hélice, que l'on met en communication par les moyens ordinaires, compose une pile d'une telle puissance que si un homme touchait à la fois ces deux extrémités il serait tué par la commotion électrique.

Les fils de platine de 5 à 6 millimètres de diamètre employés pour réunir les deux pôles de cette batterie sont rougis instantanément, sur plus d'un mètre de longueur.

Aussi l'a-t-on surtout employée isolément, un seul couple donnant déjà des effets appréciables.

Aujourd'hui, du reste, on ne s'en sert plus guère, pas plus que de toutes celles dont nous venons de parler, surtout au point de vue historique, car elles ont depuis longtemps cédé la place aux piles à courant constant.

Et c'est pourquoi nous ne dirons rien des piles sèches, modification des piles à colonnes, que Zamboni proposa dès 1812, et qui, très ingénieuses en théorie, peuvent être considérées comme impuissantes dans la pratique, puisqu'il faut au moins 1,200 couples pour former une pile capable de quelques efforts.

On en a fait usage pourtant pour la construction d'appareils à rotation continue, pouvant servir de jouets.

PILES A COURANT CONSTANT

L'idée des piles à courant constant est due à Becquerel, qui, le premier, chercha pratiquement à remédier aux inconvénients que présentait encore la pile de Wollaston, la plus parfaite pourtant que l'on ait connue jusqu'alors.

En effet, la pile de Wollaston a ce défaut : que l'énergie

du courant y décroît d'autant plus rapidement que le liquide se sature plus vite d'oxyde de zinc, ce qui l'empêche de pouvoir remplir la fonction à laquelle il est destiné.

De plus, ce courant n'est que la résultante de deux courants opposés, dont l'un doit être plus fort que l'autre, et il arrive ceci : pendant que la force électromotrice qui se développe au contact des deux parties, cuivre et zinc, d'un élément, oblige l'électricité négative à se rendre sur le cuivre, et l'électricité positive sur le zinc, la réaction chimique, qui joue, il est vrai, le rôle d'excitateur, occasionne un courant inverse qui est dû à la décomposition de l'eau, dont l'oxygène chargé d'électricité négative, s'unit au cuivre, tandis que l'hydrogène, chargé d'électricité positive, se porte sur le cuivre pour se dégager ensuite en bulles.

Ce courant secondaire neutralise donc en partie l'effet moteur.

Pour obvier à cet inconvénient, Becquerel imagina, en 1829, de construire des piles à deux liquides ; il essaya plusieurs systèmes, dans lesquels, des lames métalliques, cuivre et zinc, séparées par un corps poreux, plongeaient dans une dissolution saline, mais aucun ne se répandit, parce que les appareils dont il se servit présentaient des dispositions incommodes. D'ailleurs s'ils donnaient bien un courant constant, ce courant était d'une si faible intensité qu'on ne pouvait guère l'utiliser dans la pratique.

Ce ne fut que sept ans plus tard que le chimiste anglais Daniell dota la science de la pile à courant constant, qui non seulement ne présentait aucun des inconvénients reprochés aux électromoteurs employés jusqu'alors, mais encore développait une puissance de courant supérieure.

PILE DE DANIELL

Chacun des éléments de la pile de Daniell se compose :

1° D'un vase extérieur en verre ou en faïence, indiqué par A, dans la coupe que nous donnons de l'appareil, page 23. Ce vase, qui doit contenir toutes les autres parties de l'élément, est rempli aux trois quarts, soit d'eau commune additionnée d'un peu d'acide sulfurique, soit d'une dissolution saturée de sel de cuisine;

2° D'un vase intérieur B, en porcelaine mate, contenant une dissolution saturée de sulfate de cuivre ;

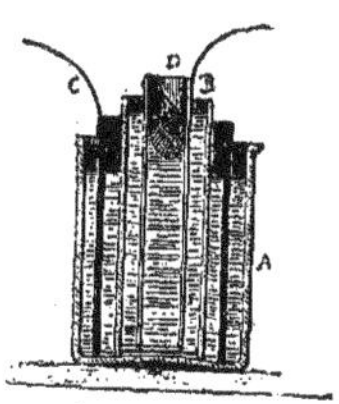

Coupe d'un élément Daniell.

3° D'une lame de zinc C, enroulée en cylindre, et placée verticalement dans l'espace compris entre ces deux vases, de façon à baigner dans la dissolution saline. (Ce zinc est amalgamé, c'est-à-dire trempé préalablement dans le mercure, procédé découvert par le physicien anglais Kemp, et qui donne au zinc du commerce les mêmes propriétés que si c'était du zinc pur.)

Et 4° d'une lame de cuivre rouge D, également enroulée en cylindre, et placée dans le vase intérieur, de façon à baigner dans la dissolution de sulfate de cuivre.

Pour constituer une pile, il suffit de rassembler trois, quatre ou un plus grand nombre de couples, en les disposant de telle sorte que la lame de zinc du premier corresponde avec la lame de cuivre du second, le zinc du second élément avec le cuivre du troisième et ainsi de suite, pour qu'il reste aux deux extrémités de la batterie : d'un côté un cuivre, qui constitue le pôle positif, et de l'autre un zinc, qui est le pôle négatif, auxquels on fixe les fils qui doivent servir à conduire le courant.

Dans l'emploi de cette pile voici les phénomènes qui se produisent. Aussitôt que les électrodes communiquent l'un avec l'autre, c'est-à-dire que le circuit est fermé, le zinc est attaqué par la dissolution saline ou acide, dans laquelle il baigne, mais en même temps que cette dissolution s'appauvrit par la production du sulfate neutre de zinc, elle se revivifie aux dépens de la dissolution de sulfate de cuivre, par la raison que l'hydrogène provenant de la décomposition de l'eau, qui a fourni son oxygène au zinc, est attiré vers le pôle négatif, et traversant le vase poreux, il décompose le sulfate de cuivre pour se combiner avec l'oxygène de l'oxyde, et reforme de l'eau.

Pile de Daniell.

Il met ainsi en liberté une quantité d'acide sulfurique, précisément égale à celle qui s'est unie à l'oxyde de zinc et cet acide sulfurique, traversant le vase poreux pour se rendre au pôle zinc, le cuivre se dépose sur la lame cylindrique de cuivre.

Il pourrait arriver que la dissolution de sulfate de cuivre s'appauvrît assez vite en raison de cette réaction, mais le cas est prévu d'avance et l'on a soin d'y plonger à l'excès des cristaux de sulfate de cuivre, renfermés généralement dans une petite couronne que le cylindre de cuivre porte à sa partie supérieure.

Par ce moyen, la dissolution de sulfate de cuivre, saturée à froid pendant toute la durée de l'opération, peut se maintenir au même degré de saturation.

Pour obtenir un résultat analogue dans le vase intérieur, il suffit de le débarrasser du sulfate de zinc qu'il contient et qui se précipite au fond du vase, au fur et à mesure de sa formation. Cela se fait à l'aide d'un petit siphon, dont la plus courte branche est placée à une petite distance du fond du vase, de façon à aspirer et à faire écouler au dehors le sulfate de zinc qui s'y accumule assez vite; en remplaçant le liquide soutiré par de l'eau acidulée, que l'on fait couler goutte à goutte, au moyen d'un vase disposé à cet effet, on arrive à maintenir le liquide excitateur au même degré d'activité chimique, et le courant développé par la pile peut rester constant pendant plusieurs jours.

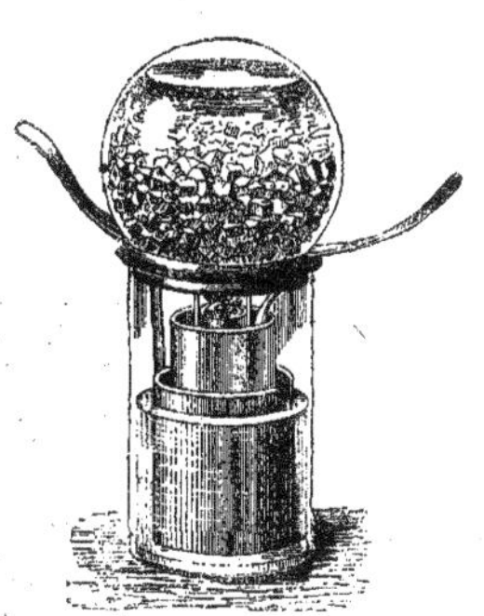

Pile Vérité.

Quelques améliorations ont été apportées en France à la pile de Daniell, d'abord par M. Vérité (de Beauvais), qui a rendu la saturation du sulfate de cuivre automatique, par l'emploi d'une sorte de ballon contenant les cristaux et dont le goulot plonge dans le vase intérieur de façon que, lorsque le niveau du liquide saturé baisse, une bulle d'air entre dans le ballon, d'où il sort aussitôt la quantité de liquide saturé nécessaire pour rétablir le niveau primitif,

M. Callaud de Nantes a supprimé le vase poreux, qui a

Pile Callaud.

l'inconvénient de s'incruster de parcelles de cuivre, qui, à la longue, finissent par obstruer ses pores, mais les liquides sont néanmoins séparés en raison de leur densité.

La dissolution de sulfate de cuivre est versée au fond du vase, dans lequel on immerge une lame de cuivre enroulée en spirale, et dans l'eau salée qui surnage on fait plonger le cylindre de zinc.

Cette disposition a donné de très bons résultats et la pile Callaud a été, si elle n'est encore, employée avec succès pour le service de la télégraphie sur la ligne des chemins de fer d'Orléans.

PILE DE GROVE

La pile de Grove n'est aussi qu'une modification de la pile de Daniell, mais cette modification est plus radicale, et les liquides excitateurs ne sont plus les mêmes.

Quant à la disposition, elle diffère très peu. L'élément de la pile de Grove se compose d'un vase extérieur en verre, rempli aux trois quarts d'acide sulfurique étendu d'eau, et d'un vase intérieur en terre de pipe contenant de l'acide azotique ordinaire

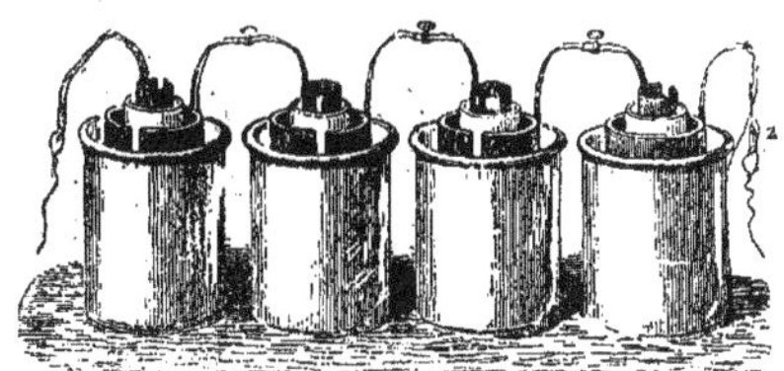

Pile de Grove.

Dans la première dissolution, c'est-à-dire entre les parois des deux vases, plonge une lame de zinc amalgamée affectant la forme d'un cylindre, mais dont les extrémités ne se rejoignent pas.

Dans l'acide azotique, c'est-à-dire dans le vase poreux, baigne une feuille de platine recourbée en forme de S.

La pile est naturellement la réunion d'un certain nombre de couples, en communication, comme dans tous les systèmes, par leurs métaux hétérogènes.

Des deux extrémités libres où doivent se fixer les électrodes, le zinc est le pôle négatif et le platine le pôle positif.

Dans cette pile, l'électricité, qui marche du zinc au platine à travers les liquides et les parois du vase poreux, se produit ainsi.

Quand les électrodes sont en communication, l'eau se décompose dans le récipient extérieur.e l'oxygène qui résulte de cette décomposition, produit du sulfate de zinc par la combinaison de l'acide sulfurique qui remplit le vase, et du zinc qu'il attaque, puis, traversant le vase poreux intérieur, il réagit sur l'acide azotique, renfermé dans ce vase qu'il convertit en acide hypo-azotique en formant de l'eau avec une partie de l'oxygène contenu dans l'acide azotique.

Des deux courants électriques qui résultent de cette double action chimique : l'un de la décomposition de l'eau, l'autre de la décomposition de l'acide azotique, marchent dans le même sens et, au lieu de s'annuler réciproquement, augmentent l'effet moteur.

Il en résulte que la pile de Grove est beaucoup plus puissante que celle de Daniell ; il est vrai que ses effets sont moins constants parce que la provision d'acide azotique n'est pas renouvelée, au fur et à mesure qu'elle se détruit ; mais ce n'est pas cet inconvénient, facile à tourner d'ailleurs, qui l'a empêchée de se vulgariser ; la vraie raison c'est que le platine nécessaire pour former le conducteur positif est beaucoup trop cher pour devenir d'un emploi général et c'est pourquoi Bunsen, chimiste d'Heidelberg, essaya et réussit, d'ailleurs, à le remplacer par un conducteur en charbon.

PILE DE BUNSEN

La pile de Bunsen, qui date de 1843, ne doit pas être considérée absolument comme une invention du chimiste allemand, car dès 1839 Grove avait eu l'idée, et sur ses indications, on avait construit des couples, dans lesquels le conducteur de platine était remplacé par du charbon de bois calciné et même par du charbon de cornue, ce qui est exactement le cas de la pile de Bunsen, qui ne diffère qu'en cela de celle de Grove que nous venons de décrire.

La disposition de chaque couple est la même ; c'est toujours un vase de faïence ou de verre, rempli aux trois quarts d'acide sulfurique étendu dans dix fois son poids d'eau ; un cylindre de zinc baignant dans cette dissolution et terminé par une tige de cuivre destinée à servir de conducteur négatif, et un vase poreux rempli d'acide azotique. Seulement, dans ce vase poreux baigne un cylindre de charbon de cornue, enveloppé à sa partie supérieure d'une virole de cuivre à laquelle est soudée la tige, également de cuivre, qui doit servir de conducteur positif.

Ce qu'on appelle du charbon de cornue est le résidu qui se forme dans les cornues servant à la distillation de la houille dans les usines à gaz, et naturellement, en sortant de là, il faut lui faire subir une préparation, pour qu'il puisse remplacer le platine comme conducteur positif; généralement on le fait calciner de nouveau après l'avoir pulvérisé et mélangé avec du goudron et un peu d'argile, dans un moule

Pile de Bunsen.

en fer qui lui donne la forme demandée; du reste, l'emploi du charbon de cornue n'est pas absolument indispensable et l'on peut y suppléer en faisant calciner dans les moules que nous venons d'indiquer, un mélange de poudre fine de coke et de houille grasse. Quant à la théorie de la pile de Bunsen, elle est exactement la même que celle de la pile de Grove, puisque les agents chimiques sont les mêmes; elle a naturellement les mêmes qualités : production considérable d'électricité, et les mêmes défauts : inconstance relative du courant et dégagement dans l'air de vapeur d'acide hypoazotique toujours désagréables, quelquefois même dangereuses pour l'opérateur.

Malgré cela, c'est encore l'une des plus employées dans les ateliers où l'on fait de la galvanoplastie, parce que, pour la dorure, l'argenture ou le cuivrage des métaux, on exige du courant voltaïque plutôt de l'énergie qu'une parfaite régularité.

LUCIEN HUARD[1].

1. Voir la suite au volume suivant.

TABLE DES MATIÈRES

Sceaux. — Imp. Charaire et Cie.

www.ingramcontent.com/pod-product-compliance
Ingram Content Group UK Ltd.
Pitfield, Milton Keynes, MK11 3LW, UK
UKHW012306240726
13966UKWH00004B/1664

9 782012 785342